# 長者精神健康系列
# 靜觀治療
## 小組實務分享

# 長者精神健康系列
# 靜觀治療
## 小組實務分享

沈君瑜、陳潔英、陳熾良、郭韡韡、林一星著

策劃及捐助：
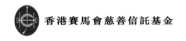
香港賽馬會慈善信託基金

合作院校：

Department of Social Work and Social Administration
The University of Hong Kong
香港大學社會工作及社會行政學系

HKU PRESS
香港大學出版社

香港大學出版社

香港薄扶林道香港大學

https://hkupress.hku.hk

© 2024 香港大學出版社

ISBN 978-988-8805-82-2（平裝）

10 9 8 7 6 5 4 3 2 1

亨泰印刷有限公司承印

# 目　錄

# 目　錄

# 總序

安享晚年，相信是每個人在年老階段最大的期盼。尤其經歷過大大小小的風浪與歷練之後，「老來最好安然無恙」，平靜地度過。然而，面對退休、子女成家、親朋離世、經濟困頓、生活作息改變，以及病痛、體能衰退，甚至死亡等課題，都會令長者的情緒起伏不定，對他們身心的發展帶來重大的挑戰。

每次我跟長者一起探討情緒健康，以至生老病死等人生課題時，總會被他們豐富而堅韌的生命所觸動，特別是他們那份為愛而甘心付出，為改善生活而刻苦奮鬥，為曾備受關懷而感謝不已，為此時此刻而知足常樂，這些由長年累月歷練而生出的智慧與才幹，無論周遭境況如何，仍然是充滿豐富無比的生命力。心理治療是一趟發現，然後轉化，再重新定向的旅程。在這旅程中，難得與長者同悲同喜，一起發掘自身擁有的能力與經驗，重燃對人生的期盼、熱情與追求。他們生命的精彩、與心理上的彈性，更是直接挑戰我們對長者接受心理治療的固有見解。

這系列叢書共有六本，包括三本小組治療手冊：認知行為治療、失眠認知行為治療、針對痛症的接納與承諾治療，一本靜觀治療小組實務分享以及兩本分別關於個案和「樂齡之友」的故事集。書籍當中的每一個字，是來自生命與生命之間真實交往的點滴，也集結了2016年「賽馬會樂齡同行計劃」開始至今，每位參與計劃的長者、「樂齡之友」、機構同工與團隊的經驗和智慧，我很感謝他們慷慨的分享與同行。我也感謝前人在每個社區所培植的土壤，以及香港賽馬會提供的資源；最後，更願這些生命的經驗，可以祝福更多的長者。

計劃開始後的這些年，經歷社會不安，到新冠肺炎肆虐，再到疫情高峰，然後到社會復常，從長者們身上，我見證著能安享晚年，並非生命中沒有起伏，更多的是在波瀾壯闊的人生挑戰中，他們仍然向著滿足豐盛的生活邁步而行，安然活好每一個當下。

願我們都能得著這份安定與智慧。

香港大學社會工作及社會行政學系

高級臨床心理學家

賽馬會樂齡同行計劃 計劃經理（臨床）

郭韡韡

2023年3月

# 簡介

## 有關「賽馬會樂齡同行計劃」

有研究顯示，本港約有百分之十的長者出現抑鬱徵狀。面對生活壓力、身體機能衰退、社交活動減少等問題，長者會較易受到情緒困擾，影響心理健康，增加患上抑鬱症或更嚴重病症的風險。有見及此，香港賽馬會慈善信託基金主導策劃及捐助推行「賽馬會樂齡同行計劃」。計劃結合跨界別力量，推行以社區為本的支援網絡，全面提升長者面對晚晴生活的抗逆力。計劃融合長者地區服務及社區精神健康服務，建立逐步介入模式，並根據風險程度、症狀嚴重程度等，為有抑鬱症或抑鬱徵狀患者提供標準化的預防和適切的介入服務。計劃詳情，請瀏覽http://www.jcjoyage.hk/。

## 有關本手冊

「賽馬會樂齡同行計劃」提供與精神健康支援服務有關的培訓予從事長者工作的助人專業人士（包括：從事心理健康服務的社工、輔導員、心理學家、職業治療師、物理治療師和精神科護士），使他們掌握所需的技巧和知識，以增強其個案介入和管理的能力。本手冊乃屬於計劃的其中一部分。本手冊的主要目的，是透過整理及交流計劃過去的臨床經驗，推動助人專業人士和社區，以靜觀認知療法作為小組介入的手法，針對有抑鬱徵狀的長者的情況作出介入，以達到有效協助抑鬱症患者改善情緒。因此，工作員在運用此手冊前，必須先接受相關靜觀認知療法的培訓。未受相關培訓的工作員並不合適使用此手冊；本手冊內容亦非供抑鬱症患者自主閱讀的材料。

# 引言

## 以靜觀認知療法為本的介入手法應用於改善本地長者的精神健康

外國過往有不少研究證實,靜觀認知療法(Mindfulness-Based Cognitive Therapy, MBCT)能有效改善長者的精神健康(Geiger et al., 2016; Thomas et al., 2020),包括減輕抑鬱、焦慮、孤獨感等徵狀,降低精神壓力、減少胡思亂想、提升睡眠質素以及增加正面情緒如幸福感。

靜觀是有意識地、不加批判地、留心當下此刻而生起的覺察力(Kabat-Zinn, 2013),也是每個人與生俱來的能力。靜觀認知療法幫助患者在思考判斷時更具彈性和靈活性,促進他們的適應能力,並減低生活轉變所造成的負面衝擊。

長者面對不少生活挑戰,包括健康及退休問題、自我照顧能力下降、家庭角色轉變等,有機會增加出現情緒問題的風險。靜觀認知療法培養患者自我關懷(self-compassion)的能力,鼓勵他們以更包容及開放的心去面對困難,並減少因為不自覺地驅走或逃避問題所產生的不安。課程所提供的練習,有助強化長者的解難能力,從而改善情緒困擾或預防問題出現。

本手冊介紹的介入方法,以靜觀認知療法為主軸,而在堂數、課堂時間、練習內容等方面,稍為調整,以更切合本地長者的情況。工作員可詳細閱讀及理解當中的材料,以認識課程是如何具體操作的。期待本手冊有助推廣以靜觀為本的介入方法,應用於改善本地長者的精神健康

## 如 何 運 用 此 手 冊

本手冊分為四個章節:第一章簡述介入方法的理念,第二章介紹小組的目的、對象及結構,第三章建議如何招募參加者及進行開組前的需要評估,最後一章說明小組每節內容及具體安排。因篇幅及版權所限,本手冊未能提供靜觀練習的引導語內容。

**工作員在運用此手冊前,必須先接受相關靜觀認知療法的培訓。未受相關培訓的工作員並不合適使用此手冊;本手冊內容亦非供抑鬱症患者自主閱讀的材料。**

## 簡 介 靜 觀 認 知 療 法 如 何 改 善 長 者 抑 鬱 情 緒

靜觀認知療法是實證的心理介入方法，原為教導抑鬱症康復者如何保持精神健康，預防抑鬱復發（Segal et al., 2013）。

靜觀認知療法從以下幾方面改善抑鬱情緒：

- 長期處於壓力和緊張狀態，會影響自律神經系統的正常運作，容易造成身心負擔。課程中教導的靜觀練習，能協助參加者調節身體的緊張狀態，平衡及改善身心。

- 我們有時會不自覺地驅走或逃避困難，一些自動化的行動反應會影響身心健康。課程幫助參加者體驗平日不自覺行動的習慣和活在此時此刻的分別，以覺察自己遇到困難經驗時的身心反應，從而可更明智地應付困難。

- 對事物狹隘的評論或觀點會減低心智彈性（psychological flexibility）、增加無意識的盲目反應和降低情緒調節的能力。課程協助參加者提升正面情緒，例如幸福感和愉悅感，培養更廣闊和客觀的心態看待問題，減少自動化反應所帶來的身心壓力。

- 過度聚焦於固有的思想習慣，會降低我們接受和面對困難的能力。課程鼓勵參加者重新檢視自己與思想的關係，例如應該視思想為我們心智的活動，但思想並非等同事實。這可以幫助我們避免受制於對困難經驗的負面解讀，以及促成更多選擇去回應困難。

- 思想會影響我們的感受，相反感受也會影響我們的想法。課程幫助參加者如實地、不加批判地接受和面對不愉快的經驗，以培養自我關懷的能力，並調節負面感受，避免陷入情緒低落和自我批評的惡性循環。

- 靜觀認知療法揉合了行為激活（behavioural activation）的介入策略，鼓勵參加者留意情緒與行為的互相影響，以及分辨有益身心和消耗性的活動，幫助他們在情緒低落的時候，運用適當的行動來維持生活動力。

老齡化的新挑戰為長者帶來極大考驗。過去固有回應困難的方式，未必能有效幫助他們應對這些挑戰，甚至有機會對他們造成身心壓力。靜觀認知療法結合了認知行為治療及靜觀方法，幫助長者覺察遇到困難時他們的身心行動反應，讓他們的思考判斷更具彈性和靈活性，並促進他們的適應能力，以及減低生活轉變所造成的負面衝擊。

## 第 二 章

● 小 組 目 的 、 對 象 及 結 構 ●

## 小 組 名 稱

- 「無憂有計」長者靜觀小組（參考名稱）

## 小 組 目 的

參加者能透過靜觀方法
- 改善情緒健康
- 提升自我關懷的能力

## 小 組 對 象

- 60歲或以上受抑鬱情緒困擾的長者

## 小 組 結 構

- 本手冊介紹的介入方法是以靜觀認知療法為主軸，輔以小組活動。另外，考慮到參加對象的體能、專注度、參加小組活動的動力、課堂投入等情況，內容會有所調整。兩者主要的分別如下：

| | 靜觀認知療法（標準版） | 本手冊的小組 |
|---|---|---|
| 小組節數 | 節數為8節＋靜觀修習日＋1節重聚日 | 節數為8節＋1節重聚日 |
| 課堂時間 | 8節課堂及1節重聚日皆為2.5小時 | 8節課堂及1節重聚日皆為2小時 |
| 教授靜觀練習內容 | 正式練習包含靜觀伸展練習 | 正式練習未有包含靜觀伸展練習，改以20分鐘靜坐呼吸練習取代 |

- 建議人數：8人
- 節數：8節（每節2小時）＋1節重聚日（2小時，小組後約一個月進行）
- 負責帶領人員：由一位已接受靜觀認知療法師資訓練的工作員帶領小組，及另一位同工（曾參加過為期8週之靜觀課程為佳）從旁協助
- 為提高參加者的小組參與度，他們會獲配對已受訓的「樂齡之友」；「樂齡之友」會與小組參加者一同出席活動，並協助參加者投入活動過程，以及鼓勵他們順利完成在家練習

## 「 樂 齡 之 友 」 的 角 色

建議每位「樂齡之友」[1]負責跟進和協助小組其中兩位參加者，「樂齡之友」的主要角色包括以下：

- 同步參與課程，包括在家練習，適當時可與參加者分享自己練習的經驗，以鼓勵參加者投入活動過程

- 盡力協助參加者出席所有節數，例如陪伴行動不便的參加者到中心

- 在課堂以外與參加者保持聯絡，並鼓勵參加者完成在家練習

- 如有需要，協助工作員帶領分組討論，及鼓勵參加者分享經驗和感受

註◇◇◇◇◇◇◇◇◇◇◇◇◇◇◇◇◇◇◇◇◇◇◇◇◇◇◇◇◇◇◇◇◇◇◇◇◇◇◇◇◇◇◇◇◇

1. 「賽馬會樂齡同行計劃」由2016年開始提供「樂齡之友」課程和服務。「樂齡之友」培訓課程包含44小時課堂學習(認識長者抑鬱、復元和朋輩支援理念、運用社區資源、「身心健康行動計劃」和危機應變等等) 及 36小時實務培訓（跟進個案、分享個人故事和小組支援等等）。完成培訓和實習的「樂齡之友」，將有機會受聘於「賽馬會樂齡同行計劃」服務單位，用自身知識和經驗跟進受抑鬱情緒或風險困擾的長者，提昇他們的復元希望。

## 參 加 者 招 募

1. 工作員可透過講座介紹小組活動,目的是鼓勵長者關注精神健康問題、抑鬱情緒,以及介紹靜觀練習和小組活動的安排。

2. 「無憂有計」靜觀與身心健康講座(需時約1.5小時)建議內容:
   - 精神健康的重要性
   - 本港長者精神健康的情況
   - 抑鬱情緒自我檢測(如PHQ-2)
   - 了解甚麼是靜觀
   - 了解如何透過靜觀練習促進身心健康、改善情緒
   - 靜坐練習體驗
   - 問答時間

3. 講座投影片參考:
   - 請掃描二維碼獲取講座投影片參考資源連結

## 組 員 篩 選 準 則

1. 參加者須符合以下條件
   - 60歲或以上
   - 受抑鬱情緒困擾(主要為PHQ-9分數達5–19分)
   - 願意參與小組形式活動及完成課後在家練習
   - 需通過課前個人評估面談(約45–60分鐘)

2. 不適合參與課程的對象:容易出現回憶重現(flashback)／具自我傷害想法／現正受著幻覺或妄想徵狀困擾的人士(註:如有類似情況,應考慮安排詳細精神健康評估、轉介專業臨床服務及提供危機介入)。

## 課 前 需 要 評 估

1. 小組正式開始前,建議工作員逐一與參加者進行組前會面,主要的目的是:
   - 評估參加者當時的精神健康情況是否符合參加條件
   - 讓參加者分享對課程的期望
   - 了解引發他們情緒困擾的生活問題
   - 認識參加者應付生活問題的方式及遇到的困難
   - 讓工作員回應課程將如何協助參加者面對困難,以提升他們參加活動的動機
   - 向參加者解釋課程的結構;如有需要,調整參加者對小組的期望(例如:課程是透過體驗性學習為主,當中分享討論的時間將聚焦於參加者練習的經驗,而非他們面對的生活問題)
   - 請參加者親身體驗簡短靜觀練習(大約10分鐘),以確保適合參與課程及更深入學習靜觀的方法

## 課 程 大 綱

| 節數 | 主題與目標 | 在家練習 | 頁數 |
|---|---|---|---|
| 1 | 身心健康與自動化行動反應<br>• 小組簡介及參加者互相介紹<br>• 認識行動模式<br>• 體驗同在模式<br>• 將注意力放在部分或整個身體培養當下覺察 | 身體掃描<br>靜觀飲食 | 8 |
| 2 | 活在頭腦中<br>• 認識心的游走是正常現象<br>• 學習注意力之擺放、維持、轉移<br>• 鼓勵直接經驗或體驗<br>• 將覺察帶入日常生活 | 身體掃描<br>靜坐呼吸10分鐘<br>日常生活的靜觀活動<br>愉快經驗日誌 | 12 |
| 3 | 集中容易跑掉的心<br>• 識別散亂的心及認識其限制<br>• 利用呼吸和身體感覺返回此時此刻<br>• 對正向經驗的覺察與欣賞<br>• 學習培養動態覺察 | 身體掃描<br>靜坐呼吸20分鐘<br>呼吸空間，一天三次<br>不愉快經驗日誌 | 16 |
| 4 | 辨識厭惡感<br>• 辨識厭惡感<br>• 認出甚麼把我們從當下帶走了<br>• 外化抑鬱情緒——是想法出了問題<br>• 識別出對直接經驗的負向解讀與迴避／改變傾向 | 靜坐練習<br>（進行六天）<br>呼吸空間，一天三次<br>呼吸空間（留意到有不愉快感受時，就進行此練習） | 20 |
| 5 | 學習容許和接納困難經驗<br>• 允許自己的厭惡感<br>• 面對（turning toward）而不是遠離（turning away）困難經驗<br>• 培養對經驗的好奇與接納<br>• 利用身體與呼吸面對困難 | 與困難共處練習<br>呼吸空間，一天三次<br>回應版呼吸空間（留意到有不愉快感受時，就進行此練習） | 24 |
| 6 | 認清想法與事實的分別<br>• 認識想法與感受之互動關係<br>• 明白想法與感受只是心理現象<br>• 改變與想法的關係 | 自選練習，一天最少30分鐘<br>呼吸空間，一天三次<br>回應版呼吸空間（留意到有不愉快感受時，就進行此練習）<br>身心溫度表（留心情緒低落的訊號） | 28 |
| 7 | 善待自己，過好每一天<br>• 透過身體覺察面對情緒<br>• 鼓勵自我照顧與關懷<br>• 識別及訂立有益身心的行動 | 自選練習，一天最少30分鐘<br>呼吸空間，一天三次<br>回應版呼吸空間（留意到有不愉快感受時，就進行此練習）<br>我的行動計劃 | 32 |
| 8 | 活到老，無憂到老<br>• 鼓勵繼續運用及擴展所學<br>• 檢視持續練習的動力<br>• 將正式與非正式練習融入生活 | | 36 |
| | | | |
| 重聚日 | • 深化小組中的學習經驗<br>• 鼓勵將學習應用於生活之中 | | 40 |

## 目標 ◎

1. 小組簡介及參加者互相介紹
2. 認識行動模式
3. 體驗同在模式
4. 將注意力放在部分或整個身體培養當下覺察

## 小組內容 ✏️

**活動 1**

### 工作員自我介紹及小組簡介　⏱5分鐘

☆ **目的：** 初步認識工作員、「樂齡之友」及小組

☆ **物資：**
- 白板
- 白板筆
- 名牌

☆ **步驟：**
1. 工作員及「樂齡之友」介紹自己
2. 簡介小組目標、活動進行時間及場地等安排

- ▶ 避免使用「治療」或「靜觀治療」等字眼，以「參與課程」來形容出席活動的過程，能讓參加者培養能力及成就感
- ▶ 工作員可分享自己學習和持續練習靜觀的經驗，以提升參與者的興趣和動機

**活動 2**

### 參加者自我介紹及互相了解對小組的期望　⏱15分鐘

☆ **目的：** 參加者互相認識及建立關係

☆ **物資：**
- 白板
- 白板筆

☆ **步驟：**
1. 參加者輪流介紹自己及對小組的期望
2. 討論時如果發現參加者彼此有相同的期望及經歷，可適當地連繫及引起共鳴，藉以建立小組成員關係
3. 總結參加者對小組的期望，並簡單回應他們的期望是如何切合小組目標及內容的

- ▶ 工作員需留意時間控制，並鼓勵較被動的參加者在討論過程中盡量保持開放態度
- ▶ 參加者可能會不自覺地依照座位的次序順序輪流發言，工作員可邀請他們覺察這個自然的習慣，及提示小組沒有既定的次序，以避免對個別參加者造成壓力

## 活動 3

### 協定小組守則　⏱5分鐘

☆ **目的:** 共同訂立小組守則

☆ **物資:**
- 白板
- 白板筆
- 參加者筆記（附錄01）

☆ **步驟:**
1. 鼓勵參加者主動提出小組守則，之後再作補充（可參考筆記第2頁）
2. 將共同訂下的小組守則寫在白板上，並歡迎參加者之後提出修訂建議

> ▶ 主動詢問參加者是否有其他守則遺漏，有助提升他們對小組的歸屬感及組員之間的信任
>
> ▶ 多提醒參加者在活動期間好好照顧自己的需要，對長者而言，這一點尤其重要；另外，藉此機會鼓勵參加者成為自己的老師，透過小組不同的活動，體驗和學習更懂得回應自己身心的需要

## 活動 4

### 葡萄乾練習及練習後探問　⏱25分鐘

☆ **目的:** 培養新的看待經驗的方式，以識別與日常行動模式的不同

☆ **物資:**
- 葡萄乾
- 食具（匙、碗）
- 消毒用品

☆ **步驟:**
1. 帶領葡萄乾練習
2. 參考〈探問的範圍在課程中轉換焦點〉（附錄03）文章，幫助小組討論聚焦在本節課的主題和目標
3. 總結參加者的分享，帶出練習與小組目標的關係，例如:小組強調從體驗中學習；練習幫助培養新的看待經驗的方式，以識別與日常行動模式的不同;專注新的方式，能夠轉化經驗，包括負面情緒

> ▶ 強調此練習需要參加者保持安靜
>
> ▶ 避免直接說進行「葡萄乾練習」，可以改用「有趣的練習」來表達;過程中可以用「物件」或其他字眼來代替「葡萄乾」，以減少參加者出現其他聯想
>
> ▶ 處理食物時須注意衛生及食物的品質
>
> ▶ 參加者容易將自己的經驗與人比較，工作員需強調每個人的經歷都是獨特的，鼓勵成員分享交流，以豐富小組整體的學習

---

休息10分鐘　（註：場地設置轉換——準備進行身體掃描練習）

<table>
<tr><td>活<br>動<br>5</td><td></td></tr>
</table>

## 身體掃描及練習後探問 ⏱45分鐘

☆ **目的：** 識別和培養當下的覺察

☆ **物資：**
- 瑜伽墊
- 咕𠱸／瑜伽磚
- 消毒用品
- 保暖衣物（參加者自行預備）

☆ **步驟：**

1. 工作員帶領參加者進行身體掃描練習（附錄02）
2. 參考〈探問的範圍在課程中轉換焦點〉（附錄03）文章，與參加者討論聚焦在本節課的主題和目標
3. 總結參加者的分享，帶出練習幫助我們利用身體感覺，識別和培養當下的覺察

### 經 驗 分 享

▶ 提示參加者可按個人身體情況，選擇躺臥或坐下來進行練習，過程中留意自身需要，如感到不適，應停止練習並稍作休息

▶ 鼓勵參加者練習期間注意身體保暖，並按個人的需要，使用咕𠱸／瑜伽磚支撐身體，幫助維持舒適及安穩的姿勢

▶ 建議進行此練習時，安排另一位工作員或「樂齡之友」坐在參加者旁邊，全程留意他的反應，協助他應付及照顧任何突發情況（如身體不適）

▶ 參加者容易將自己的經驗與人比較，工作員需強調每個人的經歷都是獨特的，鼓勵成員分享交流，以豐富小組整體的學習

▶ 對初學靜觀的參加者而言，他們很自然地會將身體掃描與鬆弛練習互相比較，甚至以身體感覺的放鬆程度來衡量身體掃描練習是否成功的標準。工作員可適當地解釋練習的目的，並對參加者覺察到當下身體出現的任何感覺予以肯定，以增加他們投入學習的程度

## 活動 6

### 安排在家練習 ⏱10分鐘

☆ **目的:** 鼓勵參加者在家練習

☆ **物資:**
- 參加者活動筆記 （附錄01）
- 在家練習錄音（身體掃描）（附錄02）
- 白板
- 白板筆

☆ **步驟:**
1. 派發筆記
2. 參考筆記第5頁,簡介在家練習內容
3. 鼓勵參加者以簡單文字或圖像記錄在家練習的經驗
4. 告知參加者,「樂齡之友」課後將個別聯絡他們,以了解他們在家練習的情況

**經・驗・分・享**

▷ 可考慮在下一節之前收集參加者在家練習紀錄,以提升參加者參與活動的投入程度,令工作員更容易掌握各成員練習的情況

▷ 如參加者有書寫困難,可安排「樂齡之友」給予協助

## 活動 7

### 故事分享及總結 ⏱5分鐘

☆ **目的:** 加深課堂學習的經驗

☆ **物資:**
- 故事——庭院的落葉 （附錄05）

☆ **步驟:**
1. 說故事
2. 說故事後稍作停頓,給參加者空間沉思,或容許個別參加者簡單分享聽故事後的經驗
3. 感謝參加者出席,並提醒下一節舉行的日期和時間

**經・驗・分・享**

▷ 留意說故事時用的語調和速度,確保參加者能聽得清楚

▷ 不用刻意邀請參加者分享聽故事後的經驗,避免造成壓力

## 第二節　活在頭腦中 ●━━ ■ ■ ■ ■ ■ ■

### 目標 ◎

1. 認識心的游走是正常現象
2. 學習注意力之擺放、維持、轉移
3. 鼓勵直接經驗或體驗
4. 將覺察帶入日常生活

### 小組內容 ✏️

**活動 1**

#### 互相問好　⏱5分鐘

☆ **場地設置：** 準備進行身體掃描練習

☆ **目的：** 準備參加者投入小組

☆ **物資：**
- 白板
- 白板筆

☆ **步驟：**
1. 簡單重溫上一節課的主題和重點
2. 提示參加者曾經共同訂下的小組守則，並詢問有否修訂建議

**經·驗·分·享**

> ▶ 多提醒參加者，活動期間好好照顧自己的需要
> ▶ 鼓勵參加者留意當刻的身體狀況，準備按適合自己的方式（即躺臥或坐下）來進行之後的身體掃描練習

**活動 2**

#### 身體掃描及練習後探問　⏱45分鐘

☆ **目的：**
- 認識心的游走和應對
- 培養對任何體驗的覺察

☆ **物資：**
- 瑜伽墊
- 咕𠱸／瑜伽磚
- 消毒用品
- 保暖衣物（參加者自行預備）

☆ **步驟：**
1. 帶領身體掃描練習（附錄02）
2. 參考〈探問的範圍在課程中轉換焦點〉（附錄03）文章，幫助小組討論聚焦在本節課的主題和目標
3. 總結參加者的分享，帶出練習幫助我們認識心的游走和應對，及培養對任何體驗的覺察，以幫助自己保持身心同步一體、減少自動化行動反應的衝動

▶ 提示參加者可按個人身體情況，選擇躺臥或坐下來進行練習，過程中留意自身的需要，如感不適，應停止練習並稍作休息

▶ 鼓勵參加者練習期間注意身體保暖，並按個人的需要，運用咕𠱸／瑜伽磚支撐身體，幫助維持舒適及安穩的姿勢

▶ 建議進行此練習時，安排另一位工作員或「樂齡之友」坐在參加者旁邊，全程留意他的反應，協助他應付及照顧任何突發情況（如身體不適）

▶ 參加者容易將自己的經驗與人比較，工作員需強調每個人的經歷都是獨特的，鼓勵成員分享交流，以豐富小組整體的學習

▶ 對年長參加者而言，在練習過程中體驗到身體痛楚，甚至較平時感覺更為明顯是相當普遍的。工作員可利用成員的相同經歷連繫彼此，以加強小組的凝聚力，並幫助他們明白練習如何幫助我們留意到心游走的自然現象和培養當下的覺察。同時，對參加者能覺察到心的游走給予肯定，藉以增加他們練習的動力和信心

## 活動 3

### 在家練習回顧與困難討論 ⏱10分鐘

☆ **目的：**
- 協助課堂以外的學習

☆ **物資：**
- 白板
- 白板筆

☆ **步驟：**
1. 簡單重溫過去一星期在家練習的內容（參考筆記第5頁）
2. 如已收集參加者在家練習紀錄，可適當地回應當中遇到的相同困難，藉以建立小組共同學習的氣氛

▶ 參加者容易抱有即時改變的心態來看待在家練習，例如形容練習之後睡眠沒明顯改善，工作員可給予適當鼓勵，藉以澄清練習的目的

休息10分鐘 （註：場地設置轉換——還原小組座位的設置）

## 活動 4

### 「路上巧遇」情境練習 ⏱10分鐘

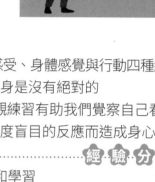

☆ **目的:** 認識身心行動的關係

☆ **物資:**
- 白板
- 白板筆
- 參加者筆記（附錄01）

☆ **步驟:**

1. 工作員帶領想像「路上巧遇」情境
2. 邀請參加者分享即時的反應
3. 在白板上記錄參加者所分享的身心反應，並區分想法、感受、身體感覺與行動四種經驗
4. 強調每個人對同一情境可以有不同的想法，帶出想法本身是沒有絕對的
5. 強調我們對事物的反應與我們看待事物的角度有關;靜觀練習有助我們覺察自己看待事物的角度，增加回應行動的可能性和選擇，避免因過度盲目的反應而造成身心壓力

> ▶ 參加者如能分享不同經驗，將有助豐富小組的討論和學習
>
> ▶ 可利用身心行動關係圖（參考筆記第6頁）作簡單總結，加以解釋想法、感受、身體感覺與行動的關係

## 活動 5

### 10分鐘呼吸練習:專注在呼吸及練習後探問 ⏱25分鐘

☆ **目的:** 鼓勵將覺察帶入日常生活

☆ **物資:**
- 咕𠮿／瑜伽磚
- 消毒用品
- 保暖衣物（參加者自行預備）

☆ **步驟:**

1. 工作員帶領10分鐘呼吸練習
2. 參考〈探問的範圍在課程中轉換焦點〉（附錄03）文章，幫助小組討論聚焦在本節課的主題和目標
3. 鼓勵透過專注呼吸，將覺察帶入日常生活

> ▶ 部分年長參加者或會擔心靜坐期間身體容易失去平衡，如有需要，可提示他們盡量拉闊兩腳的距離，以保持下身平穩

## 安排在家練習 ⏱10分鐘

☆ **目的:** 鼓勵在家練習

☆ **物資:**
- 參加者筆記（附錄01）
- 在家練習錄音（10分鐘呼吸練習）（附錄02）
- 白板
- 白板筆

**步驟:**

1. 派發筆記
2. 參考筆記第7頁，簡介在家練習內容包括愉快經驗日誌
3. 鼓勵參加者以簡單文字或圖像記錄在家練習的經驗
4. 提示參加者，「樂齡之友」課後將個別聯絡他們，以了解他們在家練習的情況

▶ 為加強參加者練習的動機，工作員可強調呼吸練習不是用作代替身體掃描的方法，而是進一步幫助我們身心同步一體，減少自動化行動反應的衝動

▶ 可考慮在下一節之前收集參加者在家練習紀錄，以提升參加者參與活動的投入程度，令工作員更容易掌握各成員練習的情況

▶ 如參加者有書寫困難，可安排「樂齡之友」給予協助

## 故事分享及總結 ⏱5分鐘

☆ **目的:** 加深課堂學習的經驗

☆ **物資:**
- 故事──漏水的水桶（附錄06）

☆ **步驟:**

1. 說故事
2. 說故事後稍作停頓，給參加者空間沉思，或容許個別參加者簡單分享聽故事後的經驗
3. 感謝參加者出席，並提示下一節舉行的日期和時間

▶ 留意說故事時用的語調和速度，確保參加者能聽得清楚

▶ 不用刻意邀請參加者分享聽故事後的經驗，避免造成壓力

## 目標

1. 識別散亂的心及認識其限制
2. 利用呼吸和身體感覺返回此時此刻
3. 對正向經驗的覺察與欣賞
4. 學習培養動態覺察

## 小組內容 ✏️

### 活動 1

**互相問好** ⏱5分鐘

☆ **目的：** 準備參加者投入小組

☆ **物資：**
- 白板
- 白板筆

| 很差 | — | ▪ | ▪ | ▪ | ▪ | ▪ | ➡ 很好 | 心情指數 ♥ |

☆ **步驟：**

1. 簡單重溫上一節課的主題和重點
2. 邀請參加者分享此刻的心情或狀態（例如用顏色或形容詞來代表）

### 活動 2

**靜坐——如何回應身體的強烈感覺及練習後探問** ⏱45分鐘

☆ **目的：**
- 識別散亂的心及認識其限制
- 利用呼吸和身體感覺返回此時此刻

☆ **物資：**
- 咕𠱸／瑜伽磚
- 消毒用品
- 保暖衣物（參加者自行預備）

☆ **步驟：**

1. 工作員帶領靜坐——如何回應身體的強烈感覺練習
2. 參考〈探問的範圍在課程中轉換焦點〉（附錄03）文章，幫助小組討論聚焦在本節課的主題和目標
3. 工作員可利用參加者靜坐的體驗，指出散亂的心容易令我們以為負面情緒就是經驗的全部
   例子：參加者抱怨今次的練習不及之前投入，經探問後發現原來過程中有時候覺察到身體疲勞的感覺，也有不喜歡疲勞的感受，並下了「我今次不夠投入」的結論

4. 簡單總結參加者的經驗，幫助他們留意「專注局部」與「覺知整體」兩者的分別。
   例如：對參加者能覺察到身體疲勞的感覺，也有不喜歡疲勞的感受，工作員可予以肯定，並利用上一節課「路上巧遇」情境練習，指出同一情境可以有不同的想法，以及帶出「我今次不夠投入」既非唯一、也不是絕對的想法

> ▶ 部分年長參加者或會擔心靜坐期間身體容易失去平衡，如有需要，可提示他們盡量拉闊兩腳的距離，以保持下身平穩，或者將座椅跟身體一側靠近活動室的牆壁，減少練習時因擔心平衡而分心

> ▶ 靜坐練習鼓勵參加者將覺知帶到並安住於呼吸和身體感覺的經驗上，幫助集中散亂的心。如工作員發現參加者有分心情況，需提醒他們專注返回於當下並給予肯定，以增加他們投入學習的程度

---

## 活動 3

### 在家練習回顧與困難討論 ⏱10分鐘

☆ **目的：**
- 協助課堂以外的學習
- 透過討論愉快經驗日誌，培養對正向經驗的覺察與欣賞

☆ **物資：**
- 白板
- 白板筆
☆ • 參加者筆記（附錄01）

**步驟：**

1. 簡單重溫過去一星期在家練習的內容（參考筆記第7頁）
2. 如已收集參加者在家練習紀錄，可適當地回應當中遇到的相同困難，藉以建立小組共同學習的氣氛
3. 透過討論愉快經驗，讓參加者留意及體會到整體生活的不同部分；鼓勵他們將記錄愉快經驗養成為生活習慣，避免因陷入負面情緒而鑽牛角尖

> ▶ 強調記錄愉快經驗有助深入地識別事件對我們內在身心和行動等反應

---

休息10分鐘

---

**活動 4**

## 靜心步行及練習後探問 ⏱25分鐘

☆ **目的:** 學習培養動態覺察

☆ **物資:**
- 保暖衣物（參加者自行預備）

☆ **步驟:**

1. 工作員可先示範步行的方法，有助加強參加者的信心

2. 提示參加者在過程中留意自身的需要，如感不適，應停止練習並稍作休息

3. 在開始步行練習之前，先帶領參加者以站立姿勢來安頓身心

4. 參考〈探問的範圍在課程中轉換焦點〉（附錄03）文章，幫助小組討論聚焦在本節課的主題和目標

5. 參加者可能很自然地將靜心步行與日常步行互相比較，或形容自己不太習慣練習期間步行的速度。工作員可適當地探問參加者是怎樣留意到身體不習慣的經驗及即時的行動回應，並專注討論練習的目的。對參加者能覺察到當下身心的反應可給予肯定，以增加他們投入學習的程度

6. 簡單總結參加者的經驗，幫助他們學習培養動態覺察

**經驗分享**

▶ 練習靜心步行期間，參加者容易因外在環境（如活動室的佈置、其他參加者的動作）而分心，工作員可作適當提示

▶ 參加者容易將自己的經驗與人比較，工作員需強調每個人的經歷都是獨特的，鼓勵成員分享交流，以豐富小組整體的學習

---

**活動 5**

## 呼吸空間練習 ⏱10分鐘

☆ **目的:** 鼓勵將覺察帶入日常生活

☆ **物資:**
- 咕𠱁／瑜伽磚
- 消毒用品
- 保暖衣物（參加者自行預備）

☆ **步驟:**

1. 帶領呼吸空間練習

2. 完成練習後，可簡單重溫呼吸空間的三個步驟

3. 鼓勵透過呼吸空間練習，將覺察帶入日常生活

**經驗分享**

▶ 為提升參加者練習呼吸空間的動力，工作員可強調練習有助將覺察帶入日常生活，幫助我們集中散亂的心，並延續整體學習效果

**活動 6**

**安排在家練習** ⏱10分鐘

☆ **目的：** 鼓勵在家練習

☆ **物資：**
- 參加者筆記（附錄01）
- 在家練習錄音（20分鐘靜坐呼吸練習、呼吸空間練習）（附錄02）
- 白板
- 白板筆

☆ **步驟：**
1. 派發筆記
2. 參考筆記第11頁，簡介在家練習內容包括不愉快經驗日誌
3. 討論怎樣安排每天進行三次呼吸空間練習，如每餐進食之前或用預設電話鈴聲作提示
4. 鼓勵參加者以簡單文字或圖像記錄在家練習的經驗
5. 告知參加者，「樂齡之友」課後將個別聯絡他們，以了解他們在家練習的情況

- ▶ 為加強參加者練習的動機，工作員可強調靜坐不是用作代替身體掃描的方法，而是進一步幫助我們身心同步一體，減少自動化行動反應的衝動
- ▶ 可考慮在下一節之前收集參加者在家練習紀錄，以提升參加者參與活動的投入程度，令工作員更容易掌握各成員練習的情況
- ▶ 如參加者有書寫困難，可安排「樂齡之友」給予協助

**活動 7**

**故事分享及總結** ⏱5分鐘

☆ **目的：** 加深課堂學習的經驗

☆ **物資：**
- 故事——阿順伯的麵店（附錄07）

☆ **步驟：**
1. 說故事
2. 說故事後稍作停頓，給參加者空間沉思，或容許個別參加者簡單分享聽故事後的經驗
3. 感謝參加者出席，並提示下一節舉行的日期和時間

- ▶ 留意說故事時用的語調和速度，確保參加者能聽得清楚
- ▶ 不用刻意邀請參加者分享聽故事後的經驗，避免造成壓力

## 目 標

1. 辨識厭惡感
2. 認出甚麼把我們從當下帶走了
3. 外化抑鬱情緒——是想法出了問題
4. 識別出對直接經驗的負向解讀與迴避／改變傾向

## 小 組 內 容

**活動 1**

### 互相問好 ⏱5分鐘

☆ **目的:** 準備參加者投入小組

☆ **物資:**
- 白板
- 白板筆

☆ **步驟:**

1. 簡單重溫上一節課的主題和重點

2. 邀請參加者分享此刻的心情或狀態（例如用顏色或形容詞來代表）

**活動 2**

### 靜坐——觀聲音與念頭及練習後探問 ⏱45分鐘

☆ **目的:**
- 辨識厭惡感
- 認出甚麼把我們從當下帶走了
- 識別出對直接經驗的負向解讀與迴避／改變傾向

☆ **物資:**
- 咕𠱸／瑜伽磚
- 消毒用品
- 保暖衣物（參加者自行預備）

☆ **步驟:**

1. 工作員帶領靜坐——觀聲音與念頭練習

2. 參考〈探問的範圍在課程中轉換焦點〉（附錄03）文章，幫助小組討論聚焦在本節課的主題和目標

3. 工作員需敏銳地聆聽參加者的分享，分辨其背後的意思。針對帶有負面情緒或「求助」目的的分享，工作員可加以探問，讓參加者以好奇的態度，了解練習期間把他們從當下帶走了的經驗

4. 例子：參加者分享在練習時有一刻睡著了，覺得不好意思和自責，擔心會影響其他成員，之後一直警剔自己而未能再放鬆投入練習

5. 簡單總結參加者的經驗，識別出迴避或改變負面經驗的共同人性化傾向。例如：對參加者能覺察到擔心自己睡著會影響其他成員，工作員可予以肯定，及回應遇到擔心的事物而設法制止是大多數人的反應；同時，指出擔心附帶的不安（厭惡感）會容易使我們分心。練習就是幫助我們辨識這厭惡感，和及時將注意力重回當下

> ▶ 部分年長參加者或會擔心靜坐期間身體容易失去平衡，如有需要，可提示他們盡量拉闊兩腳的距離，以保持下身平穩，或者將座椅跟身體一側靠近活動室的牆壁，減少練習時因擔心平衡而分心

> ▶ 參加者（特別對長者而言）可能對「觀念頭」的方法感到陌生，他們可能會因為懷疑自己是否正確地做練習，而不敢作經驗分享，工作員需給予耐性，同時懷著好奇心，邀請參加者分享，並強調分享的內容是沒有對錯之分

---

## 活動 3

### 在家練習回顧與困難討論 ⏱10分鐘

☆ **目的：**
- 協助課堂以外的學習
- 透過討論不愉快經驗日誌，覺察內在的身心反應

☆ **物資：**
- 白板
- 白板筆

☆ **步驟：**

1. 簡單重溫過去一星期在家練習的內容（參考筆記第11頁）

2. 如已收集參加者在家練習紀錄，可適當地回應當中遇到的相同困難，藉以建立小組共同學習的氣氛

3. 強調討論不愉快經驗，目的是讓參加者練習當出現不快事件的時候，覺察自己內在的身心反應，避免聚焦討論事件本身的內容或困難的處理方法

4. 當參加者分享不愉快經驗，其他成員有可能會立即給予對方建議或處理問題的方法，如合適，可巧妙地運用這種情況，作為我們日常慣於立即要改變不愉快經驗的例子，讓參加者辨識厭惡感和覺察急於行動的反應

> ▶ 宜聚焦討論如何覺察不愉快的經驗，而非事件本身的內容

---

休 息 1 0 分 鐘

---

## 活動 4

**自動化想法問卷** ⏱15分鐘

☆ **目的：** 外化抑鬱情緒——是想法出了問題

☆ **物資：**
- 自動化想法問卷（附錄04）
- 原子筆

☆ **步驟：**

1. 邀請參加者完成問卷
2. 讓參加者認識想法本身是沒有絕對的，但牢固的想法會容易對我們造成身心負擔簡單總結參加者的經驗，幫助他們學習培養動態覺察

**經·驗·分·享**

▶ 對部分年長參加者來說，要理解問卷的內容有一定的困難，特別是要代入不同情緒狀態，然後再檢視自己對那些想法的相信程度。工作員需加以協助，並考慮用具創意的方法，例如工作員逐一口述每句想法，參加者只用分紙打分，讓他們完成問卷

▶ 練習過程中，有機會引發參加者的負面情緒，工作員需留意及提供適當的協助，或考慮進行呼吸空間練習，以連接下一個程序

## 活動 5

**呼吸空間及練習後探問** ⏱20分鐘

☆ **目的：** 學習利用呼吸空間練習成為回應困難的第一步

☆ **物資：**
- 咕𠱸／瑜伽磚
- 消毒用品
- 保暖衣物（參加者自行預備）

☆ **步驟：**

1. 帶領呼吸空間練習
2. 完成練習後，可簡單重溫呼吸空間的三個步驟
3. 參考〈探問的範圍在課程中轉換焦點〉（附錄03）文章，幫助小組討論聚焦在本節課的主題和目標
4. 鼓勵參加者練習時若出現不快感受（不論在日常生活或者小組活動期間），利用呼吸空間成為覺察自己內在身心反應的第一步，避免不自覺地陷入負面情緒中

▶ 為提升參加者練習呼吸空間的動力，工作員可強調練習有助將覺察帶入日常生活，幫助我們在面對困難經驗時集中散亂的心，並延續整體學習效果。

## 活動 6

### 安排在家練習 ⏱10分鐘

☆ **目的：** 鼓勵在家練習

☆ **物資：**
- 參加者筆記（附錄01）
- 在家練習錄音（靜坐練習）（附錄02）
- 白板
- 白板筆

☆ **步驟：**

1. 工作員派發筆記
2. 參考筆記第14頁，簡介在家練習內容
3. 討論怎樣持續安排每天進行三次呼吸空間練習，如每餐進食之前或用預設電話鈴聲作提示
4. 建議參加者留意若有不愉快感受時，就進行呼吸空間練習；若他們熟悉呼吸空間練習的步驟，則可考慮練習時不用聽錄音
5. 鼓勵參加者以簡單文字或圖像記錄在家練習的經驗
6. 告知參加者，「樂齡之友」課後將個別聯絡他們，以了解他們在家練習的情況

- ▶ 鼓勵參加者持續練習靜觀方法。可以用學習新的運動作比喻——練習得多就越熟練，特別留意厭惡感如何把我們從當下帶走
- ▶ 可考慮在下一節之前收集參加者在家練習紀錄，以提升參加者參與活動的投入程度，令工作員更容易掌握各成員練習的情況
- ▶ 如參加者有書寫困難，可安排「樂齡之友」給予協助

## 活動 7

### 故事分享及總結 ⏱5分鐘

☆ **目的：** 加深課堂學習的經驗

☆ **物資：**
- 故事——不為所動的驢子（附錄08）

☆ **步驟：**

1. 說故事
2. 說故事後稍作停頓，給參加者空間沉思，或容許個別參加者簡單分享聽故事後的經驗
3. 感謝參加者出席，並提示下一節舉行的日期和時間

- ▶ 留意說故事時用的語調和速度，確保參加者能聽得清楚
- ▶ 不用刻意邀請參加者分享聽故事後的經驗，避免造成壓力

# 第五節　學習容許和接納困難經驗

## 目標 ◎

1. 允許自己的厭惡感
2. 面對而不是遠離困難經驗
3. 培養對經驗的好奇與接納
4. 利用身體與呼吸面對困難

## 小組內容 ✎

### 活動 1

**互相問好** ⏱5分鐘

☆**目的:** 準備參加者投入小組

☆**物資:**
- 白板
- 白板筆

☆**步驟:**
1. 簡單重溫上一節課的主題和重點
2. 邀請參加者分享此刻的心情或狀態(例如用顏色或形容詞來代表)

### 活動 2

**靜坐──回應困難及練習後探問** ⏱50分鐘

☆**目的:**
- 學習允許厭惡感
- 體驗面對而不是遠離困難經驗
- 培養對困難經驗的好奇與接納
- 利用身體與呼吸面對困難

☆**物資:**
- 咕𠱰／瑜伽磚
- 消毒用品
- 保暖衣物(參加者自行預備)

☆**步驟:**
1. 工作員帶領靜坐──回應困難練習
2. 參考〈探問的範圍在課程中轉換焦點〉(附錄03)文章,幫助小組討論聚焦在本節課的主題和目標
3. 工作員需敏銳地聆聽參加者的分享,分辨其背後的意思。針對帶有負面情緒或有「求助」目的的分享,工作員可加以探問,讓參加者學習容許和接納困難經驗
   例子:參加者以為自己已放下了與朋友吵架的經驗,練習中發現自己感覺仍然很委屈和不忿。工作員可聚焦討論參加者透過練習如何面對和接觸那些負面情緒,而非著眼於與朋友吵架這件事本身
4. 鼓勵以好奇和開放的態度,允許困難經驗所帶來的不安或不喜歡的感覺。例如:對參加者能覺察到委屈和不忿的感受,以及其所帶來身體不舒服的感覺,工作員可予以肯

定，並探問練習期間運用方法（即專注當下整個身體及呼吸的感覺）的經驗，讓參加者學習以更寬廣的心來看待困難經驗

> ▶ 部分年長參加者或會擔心靜坐期間身體容易失去平衡，如有需要，可提示他們盡量拉闊兩腳的距離，以保持下身平穩，或者將座椅跟身體一側靠近活動室的牆壁，減少練習時因擔心平衡而分心
>
> ▶ 參加者（特別對長者而言）可能對與困難共處的練習感覺複雜，難以在練習期間提起過去的困難經驗，工作員需留意及提供適當的協助，例如考慮在練習之前分組，邀請各成員回顧最近發生的困難經驗（包括過去一星期在家練習中留意到的事），以便於練習期間運用
>
> ▶ 如參加者出現不快的感受，工作員需更加留意其他成員的心情及小組的氣氛，適當地運用呼吸空間練習，以幫助所有人安頓身心、覺察和接納當下身心的反應
>
> ▶ 強調練習有助培養更廣闊和客觀的心態來看待問題，減少自動化反應所帶來的身心壓力

## 活動 3

### 在家練習回顧與困難討論　🕙10分鐘

☆ **目的：**
- 協助課堂以外的學習
- 培養對不愉快經驗的好奇與接納

☆ **物資：**
- 白板
- 白板筆

☆ **步驟：**
1. 簡單重溫過去一星期在家練習的內容（參考筆記第14頁）
2. 如已收集參加者在家練習紀錄，可適當地回應當中遇到的相同困難，藉以建立小組共同學習的氣氛
3. 在肯定參加者願意進行在家練習時，留意不愉快的經驗，並把握運用呼吸空間以減少自動化行動反應的衝動，幫助培養對不愉快經驗的好奇與接納

> ▶ 宜聚焦討論如何覺察不愉快的經驗，以及參加者的回應（包括運用呼吸空間練習），而非事件本身的內容或困難的處理方法

---

休 息 1 0 分 鐘

---

**活動 4**

## 回應版呼吸空間及練習後探問 ⏱30分鐘

☆ **目的:**
- 學習利用「回應版呼吸空間練習」成為回應困難的第一步
- 加強面對困難經驗的能力

☆ **物資:**
- 咕哦／瑜伽磚
- 消毒用品
- 保暖衣物（參加者自行預備）

☆ **步驟:**
1. 帶領回應版呼吸空間練習（附錄02）
2. 完成練習後，可簡單重溫呼吸空間的三個步驟
3. 參考〈探問的範圍在課程中轉換焦點〉（附錄03）文章，幫助小組討論聚焦在本節課的主題和目標
4. 鼓勵參加者練習時若出現不快感受（不論在日常生活或者小組活動期間），利用回應版呼吸空間成為覺察自己內在身心反應的第一步，練習以更寬廣的心來看待困難經驗，避免不自覺地陷入負面情緒中

▶ 為提升參加者練習呼吸空間的動力，工作員可強調練習有助將覺察帶入日常生活，幫助我們在面對困難經驗時集中散亂的心，並延續整體學習效果

**活動 5**

## 安排在家練習 ⏱10分鐘

☆ **目的:** 鼓勵在家練習

☆ **物資:**
- 參加者筆記（附錄01）
- 在家練習錄音（與困難共處練習、回應版呼吸空間練習）（附錄02）
- 白板
- 白板筆

☆ **步驟:**
1. 工作員派發筆記
2. 參考筆記第17頁，簡介在家練習內容
3. 為加強參加者練習的動機，工作員可強調練習能幫助我們避免陷於反覆思量、鑽牛角尖或嘗試壓抑逃避困難經驗等情況
4. 鼓勵參加者以簡單文字或圖像記錄在家練習的經驗
5. 提示參加者，「樂齡之友」課後將個別聯絡他們，以了解他們在家練習的情況

▶ 鼓勵參加者持續練習靜觀方法。可以用學習新的運動作比喻——練習得多就越熟練

▶ 可考慮在下一節之前收集參加者在家練習紀錄，以提升參加者參與活動的投入程度，令工作員更容易掌握各成員練習的情況

▶ 如參加者有書寫困難，可安排「樂齡之友」給予協助

**活動 7**

**文章分享及總結** ⏱5分鐘

☆ **目的：** 加深課堂學習的經驗

☆ **物資：**
- 文章〈客棧〉（附錄09）

☆ **步驟：**

1. 朗讀文章

2. 朗讀文章後稍作停頓，給參加者空間沉思，或容許個別參加者簡單分享聽故事後的經驗

3. 感謝參加者出席，並提示下一節舉行的日期和時間

經 驗 分 享

▶ 留意朗讀文章時用的語調和速度，確保參加者能聽得清楚

▶ 不用刻意邀請參加者分享聽故事後的經驗，避免造成壓力

# 第六節　認清想法與事實的分別

## 目標 ◎

1. 認識想法與感受之互動關係
2. 明白想法與感受只是心理現象
3. 改變與想法的關係

## 小組內容 ✎

### 活動 1

**互相問好** ⏱5分鐘

☆ **目的：** 準備參加者投入小組

☆ **物資：**
- 白板
- 白板筆

☆ **步驟：**
1. 簡單重溫上一節課的主題和重點
2. 邀請參加者分享此刻的心情或狀態（例如用顏色或形容詞來代表）

### 活動 2

**靜坐——特別注意到我們如何看待升起的念頭及練習後探問** ⏱45分鐘

☆ **目的：**
- 明白想法與感受只是心理現象
- 改變與想法的關係

☆ **物資：**
- 咕𠱸／瑜伽磚
- 消毒用品
- 保暖衣物（參加者自行預備）

☆ **步驟：**
1. 帶領靜坐——特別注意到我們如何看待升起的念頭練習
2. 為幫助參加者投入練習的過程，可運用「路上巧遇」情境練習中所學——想法本身是沒有絕對的，介紹練習的目的是讓我們學習以不同角度看待自己對問題的解讀，從而培養更開放的心懷，給自己更多自由和選擇去回應問題，而非盲目應對
3. 參考〈探問的範圍在課程中轉換焦點〉（附錄03）文章，幫助小組討論聚焦在本節課的主題和目標
4. 工作員需敏銳地聆聽參加者的分享，分辨其背後的意思。針對帶有負面情緒或「求助」目的的分享，工作員可加以探問，讓參加者學習容許和接納困難經驗，以及區分「從心理狀態內部」和「從瀑布後面觀看」兩種看待想法和感受的不同方式
例子：練習時，參加者想起自己因長期痛症而不能再照顧家人飲食，感到難過，覺得自己無用和沒有價值。工作員可聚焦討論練習期間參加者如何面對和接觸那些困難經

驗，而非著眼於改變參加者的負面想法。練習的方法是引導參加者專注呼吸及整個身體的感覺，並以不同的角度看待負面想法和感受，工作員可協助參加者檢視這個過程的經驗

5. 簡單總結參加者的經驗，幫助他們認識想法與感受的互動關係。例如：對參加者能透過不同方式來看待自我批評的想法和感受，工作員可予以肯定，並解釋練習的方法能避免我們捲入情緒漩渦，減輕負面想法牽引我們的力度。練習就是幫助我們注意自己容易有「對號入座」、「以偏蓋全」等傾向，並改變我們與負面想法的關係

**經・驗・分・享**

▶ 部分年長參加者或會擔心靜坐期間身體容易失去平衡，如有需要，可提示他們盡量拉闊兩腳的距離，以保持下身平穩，甚至讓座椅跟身體一側靠近活動室的牆壁，減少練習時因擔心平衡而分心

▶ 對年長參加者而言，靜坐練習加入具生活化的比喻，可幫助他們更投入如何以不同的脈絡看待負面想法和感受，例如：覺知內在經驗的時候，可以像相機般拉近或拉遠焦點拍攝

▶ 如遇參加者出現不快的感受，需更多留意其他成員的心情及小組的氣氛。工作員可適當地運用呼吸空間練習，以幫助所有人安頓身心、覺察和接納當下身心的反應

▶ 強調練習能幫助改善過度聚焦於固有的思想習慣，以促成更多的選擇來回應困難

---

**活動 3**

## 在家練習回顧與困難討論 ⏱10分鐘

☆ **目的：**
- 協助課堂以外的學習
- 加強應用學習經驗於日常生活

☆ **物資：**
- 白板
- 白板筆
- 參加者筆記（附錄01）

☆ **步驟：**

1. 簡單重溫過去一星期在家練習的內容（參考筆記第17頁）

2. 如已收集參加者在家練習紀錄，可適當地回應當中遇到的相同困難，藉以建立小組共同學習的氣氛

3. 肯定參加者願意進行在家練習時，留意不愉快的經驗，並把握運用「回應版呼吸空間練習」以減少自動化行動反應的衝動，幫助培養對不愉快經驗的好奇與接納

4. 鼓勵參加者練習時若出現不快感受（不論在日常生活或者小組活動期間），利用「回應版呼吸空間練習」成為覺察自己內在身心反應的第一步，練習以替代或旁觀者的觀點來看待困難經驗

**經・驗・分・享**

▶ 強調運用回應版呼吸空間練習，有助培養更廣闊和客觀的心態來看待問題，減少自動化反應所帶來的身心壓力

---

**休息10分鐘**

## 活動 4

### 心情、念頭和替代觀點的練習 ⏱10分鐘

☆ **目的：** 認識想法與感受之互動關係

☆ **物資：**
- 白板
- 白板筆

☆ **步驟：**

1. 提出兩個故事版本（例如以下例子），讓參加者回應當中情節所帶出的想法和感受

  例子：

  版本一

  「在飲茶期間，你剛剛跟朋友在電話上吵架，你的情緒很低落。過了一會，酒樓的侍應告訴你，你下了單的點心已經售罄。你會想到甚麼？」

  版本二

  「在飲茶期間，你剛剛收到朋友來電送上生日祝賀，你正感到高興。過了一會，酒樓的侍應告訴你，你下了單的點心已經售罄。你會想到甚麼？」

2. 工作員簡單總結參加者的討論，強調我們所思考的內容取決於當下的心情（即感受「產生」想法），以及想法本身是沒有絕對的。想法與感受只是我們的心理現象

3. 利用身心行動關係圖（參考筆記第19頁），解釋想法與感受之互動關係

▶ 如有需要，可根據參加者普遍會遇到的生活情況，重新設計兩個不同版本的故事內容

## 活動 5

### 回應版呼吸空間及練習後探問 ⏱25分鐘

☆ **目的：**
- 學習利用「回應版呼吸空間練習」成為回應困難的第一步
- 加強面對困難經驗的能力

☆ **物資：**
- 咕呫／瑜伽磚
- 消毒用品
- 保暖衣物（參加者自行預備）

☆ **步驟：**

1. 帶領呼回應版呼吸空間練習（附錄02）

2. 完成練習後，簡單重溫呼吸空間的三個步驟

3. 參考〈探問的範圍在課程中轉換焦點〉（附錄03）文章，幫助小組討論聚焦在本節課的主題和目標

4. 鼓勵參加者練習時若出現不快感受（不論在日常生活或者小組活動期間），利用「回應版呼吸空間練習」成為覺察自己內在身心反應的第一步，練習以替代或旁觀者的觀點來看待困難經驗，避免不自覺地陷入負面情緒中

▶ 為提升參加者練習呼吸空間的動力，工作員可強調練習有助將覺察帶入日常生活，幫助我們在面對困難經驗時集中散亂的心，並延續整體學習果效

**活動6**

### 安排在家練習 ⏱10分鐘

☆ **目的:** 鼓勵在家練習

☆ **物資:**
- 參加者筆記（附錄01）
- 身心溫度表（筆記第22頁）
- 白板
- 白板筆

☆ **步驟:**
1. 工作員派發筆記
2. 參考筆記第20頁,簡介在家練習內容
3. 鼓勵每天安排最少30分鐘來進行自選靜觀練習
4. 建議當留意到有不愉快感受時,就進行「回應版呼吸空間練習」;若參加者熟悉練習的步驟,則可考慮練習時不用聽錄音
5. 簡介身心溫度表,幫助參加者留心情緒低落的訊號,以及當心情向下沉,即時的行動習慣
6. 鼓勵參加者以簡單文字或圖像記錄在家練習的經驗
7. 提示參加者,「樂齡之友」將個別聯絡他們,以了解他們在家練習的情況

**經 . 驗 . 分 . 享**

▶ 鼓勵參加者持續練習靜觀方法。可以用學習新的運動作比喻——練習得多就越熟練

▶ 可考慮在下一節之前收集參加者在家練習紀錄,以提升參加者參與活動的投入程度,令工作員更容易掌握各成員練習的情況

▶ 如參加者有書寫困難,可安排「樂齡之友」給予協助

---

**活動7**

### 故事分享及總結 ⏱5分鐘

☆ **目的:** 加深課堂學習的經驗

☆ **物資:**
- 故事——靠窗的男人（附錄10）

☆ **步驟:**
1. 閱讀故事
2. 完成閱讀後可稍作停頓,給參加者空間沉思,或容許個別參加者簡單分享聽故事後的經驗
3. 感謝參加者出席,並提示下一節舉行的日期和時間

**經 . 驗 . 分 . 享**

▶ 留意閱讀故事時用的語調和速度,確保參加者能聽得清楚

▶ 不用刻意邀請參加者分享聽故事後的經驗,避免造成壓力

# 第七節　善待自己，過好每一天 ● ■ ■

## 目標 ◎

1. 透過身體覺察面對情緒
2. 鼓勵自我照顧與關懷
3. 識別及訂立有益身心的行動

## 小組內容 ✏️

### 活動 1

**互相問好** ⏱5分鐘

☆ **目的：** 準備參加者投入小組

☆ **物資：**
- 白板
- 白板筆

☆ **步驟：**

1. 簡單重溫上一節課的主題和重點
2. 邀請參加者分享此刻的心情或狀態（例如用顏色或形容詞來代表）

### 活動 2

**靜坐——覺察呼吸與身體及練習後探問** ⏱45分鐘

☆ **目的：**
- 透過身體覺察面對情緒
- 鼓勵自我照顧與關懷

☆ **物資：**
- 咕𠱸／瑜伽磚
- 消毒用品
- 保暖衣物（參加者自行預備）

☆ **步驟：**

1. 工作員帶領靜坐——覺察呼吸與身體
2. 為幫助參加者投入練習的過程，可運用身心行動關係圖中所學（參考筆記第19頁）——自動化行動反應會容易帶來身心負擔，介紹練習的目的是讓我們學習透過覺察呼吸與身體來善待不愉快的經驗，減少因狀況出現便要立即轉變的心態，以及急於解決或處理問題的衝動
3. 參考〈探問的範圍在課程中轉換焦點〉（附錄03）文章，幫助小組討論聚焦在本節課的主題和目標
4. 工作員需敏銳地聆聽參加者的分享，分辨其背後的意思。針對帶有負面情緒或「求助」目的的分享，工作員可加以探問，讓參加者透過身體覺察面對情緒
   例子：參加者在丈夫中風後成為主要照顧者，感到心力交瘁，她認為自己的困擾來自丈夫的不合作。她在靜坐練習中直接體驗身體疲累的感覺，經探問後她留意到這些感覺不單與照顧丈夫的事情有關，還覺察到日常生活中，自己也習慣每件事皆「迅速行動」，尤其在幫助家人解決困難的時候，往往比當事人更著急而容易產生矛盾

5. 簡單總結參加者的經驗，幫助他們覺察呼吸與身體，清楚自己身心的需要和限制。
例如：對參加者能留意到「迅速行動」的習慣，工作員可予以肯定，並解釋練習的方法有助我們在身體作出行動之前，能有意識地選擇回應問題的方法，同時鼓勵關懷自己，照顧好自己身心的需要

> ▶ 部分年長參加者或會擔心靜坐期間身體容易失去平衡，如有需要，可提示他們盡量拉闊兩腳的距離，以保持下身平穩，甚至讓座椅跟身體一側靠近活動室的牆壁，減少練習時因擔心平衡而分心
>
> ▶ 如遇參加者出現不快的感受，需更多留意其他成員的心情及小組的氣氛。工作員可適當地運用呼吸空間練習，以幫助所有人安頓身心、覺察和接納當下身心的反應
>
> ▶ 強調練習有助覺察情緒與行為的互相影響，尤其在情緒低落時，能運用適當的行動來維持生活動力

## 活動 3

### 在家練習回顧與困難討論 ⏱10分鐘

☆ **目的：**
- 協助課堂以外的學習
- 加強應用學習經驗於日常生活

☆ **物資：**
- 白板
- 白板筆

☆ **步驟：**

1. 簡單重溫過去一星期在家練習的內容（參考筆記第20頁）
2. 如已收集參加者在家練習紀錄，可適當地回應當中遇到的相同困難，藉以建立小組共同學習的氣氛
3. 肯定參加者願意進行在家練習時，留意不愉快的經驗，並把握運用「回應版呼吸空間」以減少自動化行動反應的衝動，幫助培養對不愉快經驗的好奇與接納
4. 鼓勵參加者練習時若出現不快感受（不論在日常生活或者小組活動期間），利用「回應版呼吸空間練習」成為覺察自己內在身心反應的第一步，練習留心當下出現的任何思緒，學習如何以不同的脈絡看待負面想法和感受
5. 討論身心溫度表，深入辨識情緒低落的訊號，以及心情向下沉，即時的行動習慣

> ▶ 強調運用回應版呼吸空間練習，有助改善過度聚焦於固有的思想習慣，以促成更多的選擇來回應困難

---

休 息 10 分 鐘

---

**活動 4**

## 典型的一天（滋養／耗竭活動）及耗竭漏斗 ⏱15分鐘

☆ **目的：** 識別有益身心的行動

☆ **物資：**
- 白板
- 白板筆
- 參加者筆記第23頁（附錄01）

☆ **步驟：**
1. 幫助參加者列出典型的一天的活動；如有需要，工作員提供例子作補充
2. 區別滋養／耗竭活動，並介紹耗竭漏斗的概念，以探索活動與心情之間的連繫

> 經·驗·分·享
> ▶ 鼓勵參加者分享日常的活動，以豐富小組的討論

**活動 5**

## 呼吸空間——作為應變第一步，再決定採取甚麼回應行動 ⏱10分鐘

☆ **目的：**
- 學習利用回應版呼吸空間練習成為回應困難的第一步
- 加強面對困難經驗的能力

☆ **物資：**
- 咕咂／瑜伽磚
- 消毒用品
- 保暖衣物（參加者自行預備）

☆ **步驟：**
1. 帶領回應版呼吸空間練習（附錄02）
2. 完成練習後，可簡單重溫呼吸空間的三個步驟
3. 參考〈探問的範圍在課程中轉換焦點〉（附錄03）文章，幫助小組討論聚焦在本節課的主題和目標
4. 鼓勵參加者練習時若出現不快感受（不論在日常生活或者小組活動期間），利用回應版呼吸空間成為覺察自己內在身心反應的第一步，練習識別當下身心的需要及選擇有益的行動來回應，避免不自覺地陷入負面情緒中

> 經·驗·分·享
> ▶ 為提升參加者練習呼吸空間的動力，工作員可強調練習有助將覺察帶入日常生活，幫助我們面對困難經驗時集中散亂的心，並延續整體學習效果

**活動 6**

## 確認行動，以處理抑鬱症的威脅 ⏱10分鐘

☆ **目的：** 訂立有益身心的行動

☆ **物資：**
- 身心行動提示咭
- 原子筆

☆ **步驟：**
1. 鼓勵參加者為自己預備一張身心行動提示咭，提示自己心情低落時可做的活動，以保持生活動力
2. 鼓勵參加者簡單分享自己所訂立的有益身心行動

3. 建議參加者將身心行動提示咭放在自己容易找到的地方（如銀包），以達到自我提示
的目的

經·驗·分·享

▶ 協助有書寫困難的參加者

---

**活動 7**

**安排在家練習** ⏱10分鐘

☆ **目的:** 鼓勵在家練習

☆ **物資:**
- 參加者筆記（附錄01）
- 白板
- 白板筆

☆ **步驟:**

1. 工作員派發筆記
2. 參考筆記第24頁，簡介在家練習內容
3. 鼓勵每天安排最少30分鐘自選靜觀練習
4. 建議出現不愉快感受時，就進行「回應版呼吸空間練習」（附錄02）；若參加者熟悉
練習的步驟，則可考慮練習時不用聽錄音
5. 簡介〈我的行動計劃〉（筆記第26頁），幫助建立自我照顧的方法來回應情緒困擾
6. 鼓勵參加者以簡單文字或圖像記錄在家練習的經驗
7. 提示參加者，「樂齡之友」課後將個別聯絡他們，以了解他們在家練習的情況

經·驗·分·享

▶ 鼓勵參加者持續練習靜觀方法。可以用學習新的運動作比喻——練習越多就越
熟練

▶ 可考慮在下一節之前收集參加者在家練習紀錄，以提升參加者參與活動的投入
程度，令工作員更容易掌握各成員練習的情況

▶ 如參加者有書寫困難，可安排「樂齡之友」給予協助

---

**活動 8**

**故事分享及總結** ⏱5分鐘

☆ **目的:** 加深課堂學習的經驗

☆ **物資:**
- 故事—— 一束鮮花（附錄11）

☆ **步驟:**

1. 說故事
2. 說故事後稍作停頓，給參加者空間沉思，或容許個別參加者簡單分享聽故事後的經驗
3. 感謝參加者出席，並提示下一節舉行的日期和時間

經·驗·分·享

▶ 留意說故事時用的語調和速度，確保參加者能聽得清楚

▶ 不用刻意邀請參加者分享聽故事後的經驗，避免造成壓力

## 目 標

1. 鼓勵繼續運用及擴展所學
2. 檢視持續練習的動力
3. 將正式與非正式練習融入生活

## 小 組 內 容

### 活動 1

**互相問好** ⏱5分鐘

☆ **目的:** 準備參加者投入小組

☆ **物資:**
- 白板
- 白板筆

☆ **步驟:**
1. 簡單重溫上一節課的主題和重點
2. 邀請參加者分享此刻的心情或狀態（例如用顏色或形容詞來代表）

### 活動 2

**身體掃描及練習後探問** ⏱45分鐘

☆ **目的:**
- 培養對不同經驗開放的覺察
- 將正式與非正式練習融入生活

☆ **物資:**
- 咕𠮟／瑜伽磚
- 瑜珈墊
- 消毒用品
- 保暖衣物（參加者自行預備）

☆ **步驟:**
1. 帶領身體掃描練習（附錄02）
2. 參考〈探問的範圍在課程中轉換焦點〉（附錄03）文章，幫助小組討論聚焦在本節課的主題和目標
3. 總結參加者的分享，帶出練習幫助我們培養對不同經驗開放的覺察，以幫助減少自動化行動的反應

**經驗分享**

▸ 提示參加者可按個人身體情況，選擇躺臥或坐下來進行練習，過程中留意自身的需要，如感不適，應停止練習並稍作休息

▸ 鼓勵參加者練習期間注意身體保暖，並按個人的需要，運用咕𠮟/瑜珈磚支撐身體，幫助維持舒適及安穩的姿勢

▸ 建議當進行此練習時，安排另一位工作員或「樂齡之友」坐在參加者旁邊，全程留意他們的反應，協助應付及照顧任何突發情況（如身體不適）

▸ 參加者容易將自己的經驗與人比較，工作員需強調每個人的經歷都是獨特的，鼓勵成員分享交流，以豐富小組整體的學習

▸ 邀請參加者討論平日如何運用靜觀的方法，幫助減少自動化行動的反應，並以從容的心態來應付問題，藉以鼓勵將正式與非正式練習融入生活。

**在家練習回顧與困難討論** ⏱10分鐘

☆ **目的:**
- 協助課堂以外的學習
- 加強應用學習經驗於日常生活

☆ **物資:**
- 白板
- 白板筆

☆ **步驟:**

1. 簡單重溫過去一星期在家練習的內容（參考筆記第24頁）

2. 如已收集參加者在家練習紀錄，可適當地回應當中遇到的相同困難，藉以建立小組共同學習的氣氛

3. 肯定參加者願意進行在家練習時，留意不愉快的經驗，並把握運用「回應版呼吸空間」以減少自動化行動反應的衝動，幫助培養對不愉快經驗的好奇與接納

4. 解釋練習時若出現不快感受（不論在日常生活或者小組活動期間），利用回應版呼吸空間成為覺察自己內在身心反應的第一步，練習留心身體在行動之前，能有意識地選擇回應問題的方法

5. 討論〈我的行動計劃〉，幫助參加者如何巧妙地回應情緒困擾

 經·驗·分·享

▶ 強調運用「回應版呼吸空間練習」，有助情緒低落時，覺察情緒和行為的互相影響，並選擇適當的行動來維持生活動力

---

休 息 10 分 鐘

---

**整體課程回顧** ⏱10分鐘

☆ **目的:** 總結學習經驗，藉以維持練習動力

☆ **物資:**
- 白板
- 白板筆

☆ **步驟:**

1. 工作員可簡單重溫小組內容和課程重點

2. 邀請參加者分享學習經驗和得著:
   ▶ 我學到了甚麼？
   ▶ 我有哪些深刻經驗？
   ▶ 我將帶走甚麼？
   ▶ 我捨不得小組哪些地方？

3. 工作員總結參加者的分享，解釋小組過程的結束是他們應用學習經驗於生活的開始，並鼓勵持續練習

經·驗·分·享

▶ 盡量鼓勵各成員分享經驗

**活動 5**

## 為自己預備心意咭 ⏱15分鐘

☆ **目的：** 鼓勵繼續運用及擴展所學

☆ **物資：**

- 〈過好每一天〉文章（筆記第27頁）
- 心意咭
- 原子筆

☆ **步驟：**

1. 工作員可閱讀〈過好每一天〉文章（筆記第27頁），鼓勵參加者「活到老，無憂到老」
2. 邀請參加者為自己預備心意咭，填寫給自己的祝福語，以及靜觀練習對自己的意義和持續練習的行動計劃（包括正式與非正式練習）
3. 工作員保存心意咭，直至重聚日當天送回參加者作自我提示、鼓勵及祝福
4. 鼓勵參加者分享持續練習的行動計劃

- ▶ 強調心意咭會被密封，並只有參加者自己才可以打開，以鼓勵他們輕鬆填寫內容
- ▶ 如參加者有書寫困難，可安排「樂齡之友」給予協助

**活動 6**

## 分享靜坐 ⏱5分鐘

☆ **目的：** 分享感謝並準備小組正式結束

☆ **物資：**

- 咕唔／瑜伽磚
- 消毒用品
- 保暖衣物（參加者自行預備）

☆ **步驟：**

1. 工作員帶領靜默的時間，邀請參加者感謝過去自己投入參與小組和其他成員的付出
2. 可考慮邀請參加者以手牽手互相傳遞感謝；接著放開對方的手，象徵小組正式結束，並祝福各自繼續努力「漫步人生路」

- ▶ 工作員可逐一向成員表達欣賞和感謝

## 活動 7 °

### 祝福及致送紀念品 ⏱10分鐘

☆ **目的:** 正式結束小組

☆ **物資:**
- 〈漫步人生路〉歌曲音檔及歌詞
- 紀念品

☆ **步驟:**

1. 工作員帶領唱〈漫步人生路〉，祝福參加者及致送紀念品
2. 邀請參加者表達互相欣賞、感謝的地方
3. 邀請參加者分享對小組的回饋及填寫活動檢討問卷
4. 介紹重聚日的安排

經·驗·分·享

▶ 如參加者有書寫困難，可安排樂齡之友給予協助

## 重聚日 （小組後約一個月進行）

### 目標 ◎

1. 深化小組中的學習經驗
2. 鼓勵將學習應用於生活之中

### 小組內容 ✏️

**活動 1**

**工作員介紹** ⏱5分鐘

☆ **目的：** 簡介重聚日目的和程序

☆ **物資：**
- 白板
- 白板筆

☆ **步驟：**
1. 工作員感謝參加者出席重聚日
2. 介紹活動目的和程序

**活動 2**

**靜坐呼吸練習及練習後探問** ⏱35分鐘

☆ **目的：** 準備參加者投入重聚日活動

☆ **物資：**
- 咕𠱸／瑜伽磚
- 消毒用品
- 保暖衣物（參加者自行預備）

☆ **步驟：**
1. 帶領20分鐘呼吸練習
2. 帶領小組討論練習經驗
3. 鼓勵持續練習，將覺察帶入重聚日活動及日常生活

▶ 部分年長參加者或會擔心靜坐期間身體容易失去平衡，如有需要，可提示他們盡量拉闊兩腳的距離，以保持下身平穩

▶ 參加者容易將自己的經驗與人比較，工作員需強調每個人的經歷都是獨特的，鼓勵成員分享交流，以豐富小組整體的學習

## 活動 3 — 討論如何應用學習靜觀經驗 ⏲20分鐘

☆ **目的：** 鼓勵將學習應用於生活之中

☆ **物資：**
- 白板
- 白板筆

☆ **步驟：**
1. 邀請參加者互道近況
2. 討論可聚焦在小組課堂之後參加者的生活與靜觀練習的連結，例如：持續練習的經驗、面對生活的困難、如何實踐自我照顧計劃
3. 總結分享討論，並鼓勵將學習應用於生活之中，幫助面對不斷變化的生活

**經驗分享**

▶ 肯定參加者願意持續練習、實踐自我照顧的行動

▶ 當分享如何面對生活困難，宜聚焦討論參加者的經驗而非問題的處理方法

▶ 如有需要，考慮安排活動後協助個別遇到生活問題的參加者

---

## 休息10分鐘

---

## 活動 4 — 重溫小組經驗 ⏲25分鐘

☆ **目的：** 深化小組中的學習經驗

☆ **物資：**
- 參加者為自己預備的心意咭
- 白板
- 白板筆

☆ **步驟：**
1. 工作員將參加者之前為自己預備的心意咭送回給參加者
2. 邀請參加者安靜地細味心意咭的內容，並分享即時的感想
3. 工作員鼓勵參加者檢視自己在小組課堂之後的生活如何體現心意咭的內容，以作自我提示、鼓勵及祝福

**經驗分享**

▶ 給予足夠安靜的時間，讓參加者細味心意咭的內容

活
動
**5**

### 互送祝福 ⏱15分鐘

☆ **目的:** 準備結束重聚日活動,並肯定參加者的參與及改變

☆ **物資:**
- 小禮物
- 白板
- 白板筆

☆ **步驟:**

1. 邀請參加者互相表達欣賞、關心及祝福
2. 工作員可邀請參加者想像一個代表自我關懷行動的物件,並透過身體動作及姿勢,展示物件的造型,象徵把關懷送給其他組員;或以其他字詞形容物件,請其他組員猜出
3. 工作員可準備小禮物,獎勵最具創意和猜對最多答案的參加者,以鼓勵他們投入活動過程

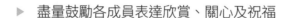

> ▶ 盡量鼓勵各成員表達欣賞、關心及祝福

活
動
**6**

### 分享靜坐及道別 ⏱10分鐘

☆ **目的:** 分享感謝並正式結束活動

☆ **物資:**
- 紀念品
- 咕唫/瑜伽磚
- 消毒用品
- 保暖衣物(參加者自行預備)

☆ **步驟:**

1. 工作員帶領靜默的時間,邀請參加者感謝出席及參與重聚日活動
2. 向參加者道別及致送紀念品

請掃描二維碼
觀看影片/獲取資源連結

| 附錄 | | 檔案名稱 |
|---|---|---|
| 01 | | 參加者筆記 |
| 02 | 在家練習錄音 | 音檔引導 1:身體掃描練習 |
| | | 音檔引導 2:10分鐘靜坐練習 |
| | | 音檔引導 3:20分鐘靜坐練習 |
| | | 音檔引導 4:呼吸空間練習 |
| | | 音檔引導 5:靜坐練習 |
| | | 音檔引導 6:與困難共處練習 |
| | | 音檔引導 7:回應版呼吸空間練習 |

# 附錄03〈探問的範圍在課程中轉換焦點〉

　　課堂中，靜觀練習後探問是小組非常重要的部分。工作員可以利用探問的過程與參加者建立關係，以及促進參加者之間的互動，藉以加強小組團體學習的氣氛。工作員開放和敏銳地聆聽參加者的分享，分辨其背後的意思；針對帶有負面情緒或「求助」目的的分享，工作員可加以探問，給予參加者所需的支持和鼓勵，以深化他們學習的體驗。除此之外，探問的範圍在整個課程的不同部分必然會有所改變。工作員透過探問，幫助小組討論聚焦在各課堂的主題和目標，並把不同的學習重點連繫起來，讓小組設定的課程結構及其起承轉合，能夠自然有序地推行。

　　小組不同部分的學習重點及相關探問的範圍：

| | 學習重點 | 探問的範圍 |
|---|---|---|
| 前四週課程 | 1. 直接覺知身體感覺、想法、感受和急於行動的傾向，以及是否能夠體驗到其中的相互關連<br>2. 更清楚看到我們平常習慣看待這些經驗面向的方式<br>3. 認識到當我們將靜觀覺察帶到經驗時會發生甚麼事 | • 強調靜觀以體驗中學習的性質<br>• 認識新的看待經驗的方式，並識別與平常習慣的不同<br>• 鼓勵以遞進過程來培養靜觀覺察<br>• 直接覺知和善待我們的經驗，並體會其豐富的特質<br>• 以開放覺察來體驗我們的經驗，從中培養好奇、包容和自我關懷的品質<br>• 肯定參加者學習的心得<br>• 認識厭惡感出現時我們所共同面對的挑戰 |
| 後四週課程 | 1. 將正式練習中所學得的，推展到日常生活中的各種困難<br>2. 運用呼吸空間練習來檢視經驗，並有智慧地回應困難 | • 認識和鼓勵運用新的方式回應困難<br>• 持續透過靜觀練習培養好奇、包容和自我關懷的品質來面對困難<br>• 覺察困難出現時的內在經驗，包括身體感覺、想法和急於行動的傾向，作為回應困難的第一步<br>• 認識練習中所學如何幫助我們減少受到生活挑戰造成的負面衝擊<br>• 肯定參加者願意面對困難和自我照顧的意向 |

以下是各種各樣有可能突然自動浮現的想法，請嘗試辨出那些你感到熟識的，並指出當在不同時間出現時，你傾向相信這想法的程度有多強烈。

**分數越高，代表相信的程度越高：**

① 有少少相信
② 有些相信
③ 一半半
④ 十分相信
⑤ 完全相信

| 想法 | 這想法你感到熟識嗎？<br>(如答"否"，則可到下一題) | 心情**平穩**時相信這想法的程度 | | | | | 心情**低落**時相信這想法的程度 | | | | |
|---|---|---|---|---|---|---|---|---|---|---|---|
| 我無法控制事情 | 是 / 否 | 1 | 2 | 3 | 4 | 5 | 1 | 2 | 3 | 4 | 5 |
| 我不滿意自己 | 是 / 否 | 1 | 2 | 3 | 4 | 5 | 1 | 2 | 3 | 4 | 5 |
| 生活不是我所期望的 | 是 / 否 | 1 | 2 | 3 | 4 | 5 | 1 | 2 | 3 | 4 | 5 |
| 我感到自己不重要 | 是 / 否 | 1 | 2 | 3 | 4 | 5 | 1 | 2 | 3 | 4 | 5 |
| 我一無事處 | 是 / 否 | 1 | 2 | 3 | 4 | 5 | 1 | 2 | 3 | 4 | 5 |
| 我覺得自己比其他人差 | 是 / 否 | 1 | 2 | 3 | 4 | 5 | 1 | 2 | 3 | 4 | 5 |

# 庭院的落葉

從前，有個學生，他每天早上負責打掃庭院。

在秋冬之際，因為經常有落葉從樹上掉下來且被風吹得到處亂飄，令他感到心煩。

他一直想找一個簡單的方法去完成這份工作。後來，有位老師跟這位學生說：「明天，你打掃之前，先用力搖樹，把所有落葉統統搖下來，之後就不用掃落葉了。」這位學生認為這是一個好方法，便跟著去做。

第二天，學生一早走到庭院，看到這裡和往日一樣落葉滿地，他不禁傻了眼。這時候，老師走過來，笑著對他說：「孩子，無論你今天如何努力，明天還是會有葉子飄到來。就如生活中有很多事情是無法提早完成的，或阻止它們自然地發生。只有活在當刻，把當刻的事情盡力做好，才是最真實的生活態度，更能活得自在。」

# 漏水的水桶

從前有一位管家，這管家每天為主人到屋外兩里的井打水，管家用的是兩隻水桶，其中一隻水桶完美無缺，另一隻水桶則有一條小裂縫，因此每次即使管家把兩個水桶盛滿，回到主人家亦只得一桶半水。

過了一段時間，那個有缺陷的水桶一直悶悶不樂，於是對管家說：「我感到非常過意不去，因為每天你打的水都會從我身上漏掉一半，結果要你多走幾趟，我這樣無用，為甚麼你還要用我？」

管家於是在下次去挑水時，請有缺陷的水桶看看，原來在路邊長滿漂亮的鮮花，許多時候，管家都會採擷這些鮮花去點綴一下主人的房間。

管家告訴水桶，就是因為出現有漏水的情形，間接在路旁為花種灑水灌溉，不久路旁便長滿漂亮的鮮花。所以縱然水桶有它的缺陷，但一樣能為世界帶來價值，問題在於我們怎樣去看待事情！

# 阿順伯的麵店

阿順伯經營一家麵店，每到吃飯時間，總是大排長龍。

最近，有幾位經濟系教授來店裡吃麵時，高談闊論的講到下半年的景氣，恐怕只會更加悲觀，所有產業都可能持續低迷。

這些話被阿順伯聽到了，他的心頭「咯噔」了一下；直到打烊後，阿順伯仍不斷回想那些談話，並越發沮喪，他心想：努力一輩子的小店面，大概也會受到波及，恐怕要歇業了。

隔天開始，阿順伯都心不在焉，不僅是煮湯的時候多放好幾匙鹽，麵條也煮糊了；有人打電話來預訂外送，阿順伯也抄錯地址，結果客人遲遲吃不到麵，抱怨連連；另外像找錯錢的，打翻湯碗的意外，更是不斷……

漸漸的，麵店客人越來越少，阿順伯忍不住打電話跟老朋友阿金抱怨：「唉！被那些教授說中了，景氣真的很不好啦！我的麵店生意越來越差了。」

阿金為了給阿順伯加油打氣，特地去麵店捧場，才吃了第一口，阿金就噴出來了，對阿順伯嚷著：「湯太鹹了啦！」阿順伯嚇了一跳，趕快試喝一口：「真的耶，怎麼會這樣？」

「可能是你每天都在想景氣不好，做生意都忘記用心，難怪人家都不來吃了。」阿金這樣回答。

阿順伯恍然大悟，終於明白問題出在哪兒了，他趕緊重新熬煮一鍋高湯，打起精神，謹慎迎接下一批顧客。漸漸的，阿順伯的店面又開始高朋滿座了。

# 不為所動的驢子

在希臘的小島上，有位小男孩用盡千方百計，只為了讓家裡養的驢子移動一步。男孩小心翼翼把蔬菜裝入驢子的籃裡，打算運走，但是驢子偏偏不想動，男孩越來越氣急敗壞，開始大聲臭罵驢子，站在牠前面猛拉繩子，不過驢子不為所動，四個蹄子穩穩踩在地上。

要不是祖父出面，這場拔河大概會持續很久。祖父聽到騷動，走到屋外，見到這熟悉的景象──人與驢之戰──立即明白了癥結。他輕輕拿過孫子手中的繩子，微笑說：「等牠有心情時，試試看這個方法：像這樣鬆鬆握著韁繩，然後緊貼牠旁邊站著，往下注視你要去的方向路線，耐心等著。」

男孩遵照祖父的吩咐，結果不一會兒，驢子就開始往前走了，男孩開心地咯咯笑。之後一人一驢肩並肩，踏著輕快的步伐快快樂樂地往前快步，消失在遠方的轉角。

你生活中，是不是常表現得像那位猛拉韁繩的小男孩？事情不如意時，我們常常更加把勁，朝著想去的方向猛扯硬拉。但是不屈不撓地一直朝著單一方向前進，是否永遠是明智之舉？還是我們可以聽聽故事裡祖父的忠告，暫停一下，等待事情自然發展，才能夠在契機來臨時一眼看出？

# 客棧

做人好比客棧，每個早晨都有新的客人到來。

喜樂、沮喪、吝嗇、某瞬間的覺察，如一個不速之客登門造訪。

歡迎並招待所有的人！即使來者是群憂傷，狂暴地掃蕩你的房子，搬清所有家具，然而，仍要待之以禮。

他可能把你淘空，為的是引入新的樂事。晦暗的念頭、羞愧、惡意，且在門前大笑相迎，邀請他們進來。

不管來者是誰都要心存感激，因為每一個都是上天派來指引你的嚮導。

——魯米（Rumi, 1207–1273）

# 靠窗的男人

一間病房，兩個患重病的男病人：靠窗的病人和需長期臥床的病人。靠窗的男病人每天都用一小時向室友敘述窗外繽紛多姿的世界，他們漸漸覺得世界變得不一樣了。

窗子只有一扇，不靠窗的室友好羨慕靠窗的男人總能體驗那愉快的事情，而他偏偏不能，只能夠間接地去聽，於是起了歪念，他要獨霸那扇窗！

終於，靠窗的男人死了；另外的男人也償了心願，搬到了靠窗的病床。這病房終於留下他獨自一人，他擁有了那扇窗！

慢慢的，很痛的，他靠著一邊的手肘撐起身體想要看看第一眼的外面的世界。他滿心歡喜的要看屬於他自己的世界。當他強逼自己慢慢轉身向窗外看去：啊！怎麼？怎麼？只有一面牆。

他問護士是甚麼逼得那去世的室友要敘述窗外那麼多美好的事情。

護士說：那個人是個盲人，甚麼也看不見，或許他想鼓勵你，每日能用愉快的心情來看見不一樣的世界吧！

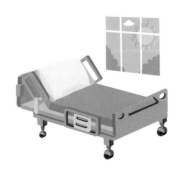

# 一束鮮花

一束潔白的鮮花，使故事的主角整個人，甚至他居住的環境都改變了。這真是他當初所料不到的！

森伯伯習慣一個人生活，是個不講究儀容的人，頭髮亂了不整理，臉上髒了不清洗，衣服臭了不換掉，而且連家裡都是雜亂無比。

有一天，一個鄰家的小孩送給他一束鮮花。花的顏色雪白，生意盎然，散發一股清香。他接了過來，覺得眼前一亮。

他靜靜的欣賞這束潔白的鮮花，覺得美極了，不知道該放在哪裡，於是想起了那個放置已久的花瓶。他找出花瓶以後，覺得花瓶太髒了，和這束鮮花不相配，因此他先把花瓶洗乾淨，裝了些水，再把白色的花束插在花瓶裡。

花瓶放在哪裡好呢？桌上不單有一層灰塵，還堆滿了杯盤，放上鮮花實在很不調和。於是，他把桌子整理了一下，收拾得乾乾淨淨。桌子收拾好之後，他環顧屋內四周，發現四處散落許多雜物，和桌上的鮮花形成強烈的對比，因此他開始清掃室內的環境。

室內整理好以後，他鬆了一口氣，走近窗口吹吹風，卻又看到庭院中雜草叢生。他覺得很不滿意，就到庭院裡，拿起打掃器具清理四周。環境清理乾淨了，他覺得心中無比舒暢。他回到室內，轉頭看見鏡中的自己，和潔白的鮮花、整潔的環境很不搭調，於是好好的梳洗、打扮自己。

森伯伯自言自語的說：「我以前怎麼能忍受這樣的自己和生活環境呢？從今天起，我要以全新的自己來迎接每一天！」

——改寫自殷穎〈一朵小花〉

Geiger, P. J., Boggero, I. A., Brake, C. A., Caldera, C. A., Combs, H. L., Peters, J. R., & Baer, R. A. (2016). Mindfulness-based interventions for older adults: A review of the effects on physical and emotional well-being. *Mindfulness, 7*(2), 296–307. https://doi.org/10.1007/s12671-015-0444-1

Kabat-Zinn, J. (2013) (Revised Edition). *Full catastrophe living: Using the wisdom of your body and mind to face stress, pain, and illness.* New York: Delta. 中文版：喬•卡巴金（2013）。《正念療癒力：八週找回平靜、自信與智慧的自己》。新北市：野人文化。

Segal, Z., Williams, M., & Teasdale, J. (2013). *Mindfulness-based cognitive therapy for depression (2nd ed.).* New York: Guilford Press. 中譯本：辛德•西格爾、馬克•威廉斯、約翰•蒂斯岱（2015）。《找回內心的寧靜：憂鬱症的正念認知療法》（第二版）。台北：心靈工坊。

Thomas, R., Chur-Hansen, A., & Turner, M. (2020). A systematic review of studies on the use of mindfulness-based cognitive therapy for the treatment of anxiety and depression in older people. *Mindfulness, 11*(7), 1599–1609. https://doi.org/10.1007/s12671-020-01336-3

以正念為基礎的介入項目：教學良伴──正念教師反思修習，由范明瑛、胡慧芳、馬淑華翻譯自Griffith G. M., Crane, R. S., Karunavira, & Koerbel, L. (2021) .《以正念為基礎的介入項目：教學良伴》. In R. S. Crane, Kaurnavira, & G. M. Griffith（編輯），《正念教師必備資源》Routledge.（線上原文https://mbitac.bangor.ac.uk/documents/MBI-TLC-Traditional-Chinese-Michelle-Debbie-Helen.pdf）

薩奇•聖多瑞里（Saki Santorelli）著，胡君梅譯（2020）。《自我療癒正念書：如詩般優美又真實深刻的內在自療旅程》（*Heal thy self: Lessons on mindfulness in medicine*）（二版）。新北市：野人文化。